AF326155

LETTRE

DE

M. MIRBEL A M. ALEXANDRE BRONGNIART.

LETTRE

DE

M. MIRBEL A M. ALEXANDRE BRONGNIART.

MONSIEUR ET CHER CONFRÈRE,

J'ai reçu, avec la lettre que vous m'avez fait l'honneur de m'adresser, le petit écrit intitulé : *Réponse de M. Ad. Brongniart aux observations faites sur ses travaux de physiologie végétale dans la Séance de l'Académie des sciences, du 1ᵉʳ mars 1830.* L'Académie s'était constituée en comité secret ; je ne saurais donc admettre que ce qui s'y est dit ait été divulgué, et que je puisse librement entrer en discussion à ce sujet avec M. Ad. Brongniart : ce serait un trop dangereux *précédent*. A l'avenir, tout candidat mécontent de la part que nous lui aurions faite, se croirait en droit d'établir une controverse, à l'occasion de paroles qui n'auraient jamais dû aller jusqu'à lui. La crainte que ce prétendu droit inspirerait mettrait obstacle à la libre manifestation de nos opinions, et il s'ensuivrait que l'Académie prononcerait sans avoir discuté et pesé les titres des candidats qui ambitionneraient son suffrage. Mais je vous dois et je me dois à moi-même de ne pas laisser votre lettre sans réponse. L'estime que je porte à M. Ad. Brongniart, et le cas que je fais de ses travaux scientifiques, me donnent la confiance de vous exposer ma pensée tout entière.

Ainsi que tous les membres de la section, je me plais à déclarer que M. Ad. Brongniart est très-instruit, bon observateur, ingénieux dans ses aperçus, habile dans la manière de les présenter. Nous ne doutons pas que chaque jour n'accroisse sa réputation scientifique. C'est par ces motifs que, dans la liste des candidats, nous l'avons placé immédiatement au-dessous de M. Adrien de Jussieu et à côté de M. Richard.

Ses *Recherches sur la génération et le développement de l'embryon dans les végétaux phanérogames*, ne sont pas ce qu'on appelle
communément un *Mémoire*. Elles forment une sorte de *Traité* sur la
matière, et par conséquent elles contiennent beaucoup de faits dont la
découverte n'appartient pas à M. Ad. Brongniart. Quelque soin qu'il
ait mis à citer les sources où il a puisé, il n'y a que les personnes ver-
sées dans cette partie de la science, qui puissent faire un partage équi-
table entre lui et ses prédécesseurs. Par exemple, l'histoire de l'ovule,
qui occupe une si grande place dans le Traité et en est réellement la
partie la plus solide et la plus importante, est, de fait, l'ouvrage de
Grew, Malpighi, Turpin, Auguste de St.-Hilaire, Treviranus, Schmidt
et R. Brown. Ce dernier, dans un écrit substantiel, où il a rapproché
et coordonné, avec une admirable sagacité, toutes les découvertes de ses
prédécesseurs et celles qui lui sont propres, fait voir clairement les
deux enveloppes extérieures; les deux ouvertures correspondantes de
eur sommet; le corps pulpeux situé dans l'intérieur, et la réunion de
ces trois parties opérée au point de la chalaze par l'extrémité des vaisseaux funiculaires. Il décrit les métamorphoses que ces trois parties
subissent; la formation dans l'intérieur du corps pulpeux d'une vésicule
qui plus tard contiendra l'embryon. Il prouve que la matière concrète
du périsperme se dépose, tantôt dans le tissu de la masse pulpeuse,
tantôt dans le tissu de la vésicule, et tantôt dans l'un et l'autre à la fois,
de sorte qu'alors il y a deux périspermes. Il montre que l'ovule, dans
l'origine, est ordinairement suspendu à un fil dont l'extrémité supérieure correspond au double orifice des deux enveloppes. Il rappelle
cette belle observation de MM. Turpin et Aug. de St.-Hilaire, que la
radicule pointe toujours vers ces ouvertures; et il en conclut avec raison
que la place des deux ouvertures, dans le jeune ovule, suffit pour indiquer quelle sera la direction du futur embryon. Voilà en résumé la
théorie créée par le célèbre botaniste anglais; et quant à sa manière de
présenter les faits, elle consiste à généraliser tout ce qui est susceptible
de l'être, et à ne citer d'exemples que quand il s'agit d'exceptions. Il
rassemble donc en peu de pages une immense quantité d'observations.
J'avoue que je préfère cette méthode à toute autre. Malgré le laconisme
de l'auteur, ou peut-être même à cause de ce laconisme, il serait facile

d'indiquer la parfaite concordance d'idée de chaque phrase, chaque ligne, et en quelque sorte, chaque mot de son travail, avec la dissertation beaucoup plus volumineuse de M. Ad. Brongniart. Mais ce dernier, en éclairant, par de nouvelles anatomies et de beaux dessins, les observations de M. R. Brown, les a rendues plus accessibles à l'intelligence des lecteurs étrangers à ces sortes de recherches. Il a ajouté aussi quelques observations qui lui appartiennent, et c'est en y faisant allusion que M. R. Brown déclare qu'il ne partage pas son opinion *sur plusieurs des points qu'il a traités*.

M. Ad. Brongniart dit : *J'ai ajouté aux faits observés par M. R. Brown, la découverte dans l'intérieur du mamelon qui forme le sommet de l'amande, d'un tube membraneux spécial, se prolongeant souvent hors de l'ovule et qui établit la communication entre le tissu qui s'étend du stigmate jusqu'à l'ovule* (tissu servant à la fécondation) *et le point où l'embryon se forme, communication qu'on concevrait difficilement sans cela.* (Voy. Réponse *etc.*, p. 5 et 6.)

Le tube ou le filet que M. Ad. Brongniart a vu dans quelques Cucurbitacées, le *Polygonum orientale* et deux ou trois autres espèces, est analogue à celui que M. de Saint-Hilaire a découvert il y a long-temps dans plusieurs *Polygonées, Chénopodées, etc.*, et qui, selon cet observateur, tiendrait par un bout à l'ovule et par l'autre bout à l'ovaire ; mais qui, selon M. Ad. Brongniart, s'appliquerait seulement, par sa partie supérieure, contre le tissu conducteur qui vient du stigmate. Du reste, ce fait est loin d'être général : je n'en irai pas chercher la preuve dans des observations étrangères à l'auteur ; je la trouve dans son propre travail. M. Ad. Brongniart déclare, page 84 de ses *Recherches*, que dans *un bien grand nombre de plantes* il n'a pu voir ce filet, à cause de l'opacité du tissu environnant. C'est donc par un abus de l'analogie qu'il conclut du petit nombre au grand.

M. Brongniart dit : *J'ai montré que le point de l'ovule où les téguments sont percés, correspond, dans presque tous les cas, à l'extrémité du tissu cellulaire conducteur, qui s'applique plus ou moins immédiatement contre le sommet de l'amande et le tube qui en sort.* Et il ajoute :

I.

M. Brown ne s'étant occupé, dans son Mémoire, que de l'ovule isolément et indépendamment de ses rapports avec l'ovaire qui le renferme, a seulement établi que la fécondation avait lieu par le sommet de l'amande à travers le trou des téguments. (Voy. Ré-ponse, etc., p. 6.)

Je suis trop convaincu de l'excellent esprit et de la bonne foi de M. Ad. Brongniart, pour supposer qu'il ait omis volontairement de citer ici ce que dit M. R. Brown dans son Mémoire sur les Cycadées et les Conifères. J'admets donc sans arrière-pensée, que ce Mémoire lui est inconnu, et j'en donnerai plus loin une autre preuve. Mais comme il faut rendre à chacun ce qui lui appartient, je vais rapporter les paroles de M. R. Brown.

« Il est pour le moins très-probable que le sommet du corps pul-« peux » (*ce sommet qui correspond à la double ouverture des deux enveloppes*) « est le point par lequel la fécondation s'opère dans l'ovule. « La manière dont l'embryon se présente toujours vers ce point » (*en effet il dirige constamment sa radicule vers la double ouverture*) « et « le renversement du corps pulpeux ». (*en d'autres termes, le renverse-ment de l'ovule*) « viennent principalement à l'appui de cette hypo-« thèse ; car, par son renversement, le corps pulpeux place son sommet « tout près, ou même en contact de cette partie de la paroi de l'ovaire « que l'on suppose transmettre l'influence du pollen » (*cette partie de la paroi de l'ovaire est celle que M. Ad. Brongniart nomme le tissu conducteur*). « Toutefois, dans quelques familles où le corps pulpeux « n'est pas renversé et où les placentaires sont polyspermes, par exem-« ple, dans les Cistinées, on comprend difficilement comment cette in-« fluence peut se faire sentir au sommet du corps pulpeux par l'exté-« rieur. Dans ces familles, pour expliquer la fécondation, il faudrait « supposer un *aura pollinaris* remplissant la cavité de l'ovaire. »

Remarquez, Monsieur, qu'il ne s'agit pas ici d'un mot vague qui pour prendre valeur exigerait des interprétations : c'est l'exposition com-plète d'une hypothèse, accompagnée à la fois des faits qui la fortifient et de la principale objection qu'elle fait naître. Remarquez encore que M. R. Brown ne donne pas cette hypothèse comme une nouveauté, mais bien comme une opinion connue qu'il est loin de repousser. Remarquez enfin, que même dans son Mémoire sur l'ovule, il nous fait voir que les ovules des Protéacées et des Liliacées présentent leur bord au placentaire, précisément comme il le faut pour que la fécondation ait lieu. On doit donc convenir que les rapports les plus importants de l'ovule avec l'ovaire n'ont pas été totalement négligés par lui.

M. Ad. Brongniart dit : *J'ai établi par plusieurs observations que l'embryon se montrait d'abord sous la forme d'une petite vésicule pédicellée, vide avant la fécondation, qui se remplissait plus tard et se séparait presque toujours alors des parois de l'ovule.* (Voyez Réponse etc., pag. 6.)

La petite *vésicule pédicellée*, qui n'est autre chose que le très-jeune embryon suspendu par un fil, a été vue avec son pédicelle par Grew dans le *Prunus armeniaca* ; par M. Treviranus dans ce même *Prunus*, dans le *Potamogeton natans*, le *Lithospermum arvense*, l'*Euphorbia Lathyris*, plusieurs Légumineuses, etc. Il a été vu aussi par R. Brown. Ce dernier, suivant sa méthode, ne cite pas d'espèces, attendu que le fait est, sinon constant, du moins général. Ainsi, ce n'est pas ce fait que M. Ad. Brongniart *a établi*. Sa découverte, s'il y en a une, réside nécessairement dans cette circonstance, que la vésicule est vide avant la fécondation, et pleine plus tard ; circonstance bien importante aux yeux de M. Ad. Brongniart, puisqu'elle est une des pièces, si je puis m'exprimer ainsi, de son grand système de la fécondation. Suivant lui, c'est dans la capacité de la vésicule que doivent se rendre plus tard les granules du pollen et ceux de l'ovule, qui par leur alliance formeront l'embryon. Je ne ferai qu'une remarque : le globule embryonnaire, à son état naissant, est d'une extrême petitesse, et transparent comme une goutte limpide de liqueur gommeuse. En vieillissant il grossit, perd un peu de sa transparence, et laisse apercevoir les cellules dont il est composé. C'est ainsi que commencent et s'achèvent tous les tissus cellulaires végétaux.

M. Ad. Brongniart dit : *J'ai fait connaitre le mode singulier de formation de l'embryon du Ceratophyllum et du Nelumbo.* (Voyez Réponse, etc., p. 6.)

Oui, M. Ad. Brongniart a fait une observation neuve sur le développement des parties internes de l'ovule du *Ceratophyllum* , et il a conclu par analogie que les choses se passaient de même dans le *Nelumbo ;* car il n'a pu examiner que des graines mûres de cette plante.

M. Ad. Brongniart dit : *J'ai montré que plusieurs des modifications les plus essentielles de la structure de la graine et de l'embryon pouvaient être prévues , d'après la forme et la disposition des diverses parties de l'ovule : question que M. R. Brown n'avait nullement traitée.* (Voyez RÉPONSE, etc. , pag. 7.)

M. R. Brown, après avoir insisté sur ce fait capital, que le double orifice de l'ovule indique toujours quelle sera la direction du futur embryon , donne une excellente description des diverses parties de l'ovule , et laisse aux botanistes le soin de tirer les conséquences immédiates de ses observations. En effet , quand on a lu attentivement son Mémoire, et qu'on l'a bien compris , il suffit de jeter les yeux sur les planches de Gaertner, pour saisir les rapports de la graine mûre avec l'ovule naissant.

Pour éclairer, autant que possible, le mystère de la fécondation dans les plantes , la première chose à faire était une bonne anatomie du pistil. Hedwig s'en occupa sérieusement , et voici comment M. Ad. Brongniart s'exprime sur ses travaux.

Hedwig a reconnu dans les Cucurbitacées l'existence d'un tissu cellulaire particulier, formant des lames ou des faisceaux distincts et limités qui , s'étendant du stigmate aux ovules , doivent servir de moyen de communication entre ces organes ; il s'est assuré que ce tissu ne renfermait aucun vaisseau , soit trachées , soit autre espèce de vaisseau , et que c'était par conséquent par l'intermédiaire d'un tissu purement cellulaire que le fluide fécondant devait être transmis du stigmate aux ovules. (Voyez RECHERCHES, etc. , pag. 59 et 60.)

Hedwig, selon la remarque de M. Ad. Brongniart, ne se borna pas aux Cucurbitacées. Il étudia le *Colchicum autumnale,* et il reconnut que son style est uniquement formé d'un parenchyme cellulaire.

Plus tard , je fis aussi des recherches sur l'organisation du pistil ; je ne connaissais point les travaux d'Hedwig ; mes conclusions furent très-différentes des siennes et peu différentes de celles de M. Coréa. Je dois convenir qu'elles furent accueillies assez froidement.

MM. de St.-Hilaire et Link vinrent ensuite. Le premier se fit un système à part, mélange ingénieux du mien et des idées que lui suggérèrent ses profondes recherches ; le second se déclara pour la doctrine d'Hedwig. Tout récemment M. R. Brown admit cette doctrine comme une hypothèse qui , sous beaucoup de rapports, satisfait la raison. Aujourd'hui M. Ad. Brongniart l'adopte sans restriction, si bien que, pour faire connaître sa manière de voir, il n'a besoin, en quelque sorte, que de recopier, mot pour mot, le résumé qu'il a donné de l'opinion d'Hedwig.

En effet, il dit : *J'ai prouvé qu'aucun vaisseau , soit trachée, soit autre vaisseau, n'existait ni dans le stigmate ni dans le tissu qui se continue depuis cet organe jusqu'à l'ovule ; que les trachées prises par M. Mirbel pour les vaisseaux conducteurs du fluide fécondant, appartiennent à la gaine du style, et ne se rendent, ni dans le stigmate par une extrémité, ni dans les ovules par l'autre. La communication entre le stigmate et l'ovule n'a lieu que par des lames ou des filets d'un tissu cellulaire particulier très-lâche, semblable et continu à celui qui compose le stigmate.* (Voy. RÉPONSE, etc., p. 4 et 5.)

Maintenant, que l'on rapproche ce dernier paragraphe de celui que j'ai cité quelques lignes plus haut, et l'on verra si (abstraction faite de la judicieuse critique de l'opinion que j'ai publiée en 1816) ce que M. Ad. Brongniart *a établi* diffère en rien de ce que Hedwig *avait reconnu.*

Au sujet du stigmate, voici ce que dit M. Ad. Brongniart.

Le stigmate présente deux organisations distinctes : tantôt il n'est formé que par des utricules libres sans aucun épiderme ; tantôt il est recouvert par une membrane mince et continue. Il ne montre jamais ni orifice de vaisseaux, ni aucun pore absorbant. (Voy. RÉPONSE, etc., pag. 4.)

M. Ad. Brongniart a, ce me semble, plus approfondi cette matière qu'aucun de ses prédécesseurs. Cependant tous les botanistes savaient déjà que le stigmate était, tantôt composé de papilles, c'est-à-dire de files de cellules attachées bout à bout, formant un faisceau plus ou moins lâche, et tantôt d'un tissu cellulaire offrant une surface continue plus ou moins lisse. On n'ignorait pas non plus que le stigmate n'offre jamais, ni orifice de vaisseaux, ni aucun pore absorbant. Voici ce que je lis dans un ouvrage imprimé il y a seize ans : « On pourrait être tenté « de croire que l'extrémité des vaisseaux conducteurs s'ouvre à la super- « ficie des stigmates ; mais l'anatomie prouve qu'il n'en est pas ainsi. « En approchant de l'épiderme, ces vaisseaux se changent en un tissu « cellulaire extrêmement délié, et les conduits de la matière fécondante « (si toutefois ces conduits existent réellement) échappent au plus fort « microscope. »

Les recherches de M. Ad. Brongniart sur la formation et la structure du pollen, ont dans plusieurs points un caractère de nouveauté que n'offrent pas ses observations sur l'ovule et le pistil. C'est une justice que je me suis toujours empressé de lui rendre.

Le pollen, dit-il, *se forme dans l'intérieur des cellules d'une masse celluleuse unique et libre qui remplit chaque loge de l'anthère sans lui adhérer.* (Voyez RÉPONSE, etc., pag. 3.)

Aucune observation aussi claire, aussi positive, n'avait été faite sur l'origine du pollen avant M. Ad. Brongniart.

Il dit ensuite : *Le pollen est formé de deux membranes, l'une externe, celluleuse, souvent couverte de papilles et percée d'un petit nombre de pores; l'autre interne, mince et diaphane, formant une vésicule unique qui contient les granules spermatiques, et susceptible, par l'action de l'humidité, de se projeter au dehors en un tube membraneux, déja observé une fois par M. Amici, ainsi que je l'ai reconnu dans mon Mémoire, page 23.* (Voy. RÉPONSE etc., p. 3.)

Needham (M. Ad. Brongniart en a fait la remarque) avait reconnu que lorsque le pollen crève sur l'eau, il projette une membrane qui contient des granules et empêche qu'elles ne se mêlent au liquide. Koelreuter avait parlé de deux membranes, l'une extérieure, épaisse et poreuse, l'autre intérieure et mince. Mais on avait oublié la découverte de Needham, et on avait considéré plutôt comme une hypothèse que comme un fait positif, l'assertion de Koelreuter. L'espèce de boyau qui sort en serpentant d'un grain de pollen mis sur l'eau, passait généralement pour un jet de matière inorganisée, glutineuse ou oléagineuse. Une observation de M. Amici vint donner aux idées une direction nouvelle. Il vit sur le stigmate du *Portulaca oleracea* un grain de pollen qui avait projeté son boyau à sec; et il lui fut facile d'en reconnaître la nature organique. Ce fait et tous les faits analogues suffisent pour rendre très-probable l'existence d'une double enveloppe. Mais il est juste de dire qu'elle n'a été démontrée d'une manière rigoureuse que par M. Raspail, qui, avec le secours de réactifs, est parvenu à isoler, sans presque altérer sa forme, l'enveloppe interne de l'enveloppe externe.

J'ai établi, dit M. Ad. Brongniart, *que les granules contenus dans le pollen avaient une grosseur et une forme semblables dans la même espèce, qu'ils étaient souvent différents d'une espèce à une autre, et qu'ils étaient doués de mouvements indépendants des circonstances extérieures appréciables. J'ai donné des tables de la grosseur de plusieurs de ces granules.* (Voy. RECHERCHES etc., p. 33, et RÉPONSE, etc., page 3.)

Le mouvement des granules, qui semble être une dépendance du phénomène plus général que M. R. Brown a reconnu quelque temps après, a été constaté par une Commission dont j'étais membre, et nous avons donné de justes éloges à l'auteur de cette observation.

Il résulte, dit M. Ad. Brongniart, *de beaucoup d'observations que j'ai rapportées et figurées, que les grains de pollen font pénétrer dans le tissu même du stigmate un tube membraneux, provenant de l'expansion de la membrane interne de ces grains de pollen, et qui introduit des granules fécondants dans le stigmate lui-même, entre les utricules qui le composent.* (Voy. RECHERCHES etc., p. 48, et RÉPONSE, p. 4.)

Ce fait est très-curieux; je ne pense pas qu'aucun observateur puisse en disputer la propriété à M. Ad. Brongniart.

Ici se terminent mes remarques relatives aux *Recherches sur la géné-*

ration et le développement de l'embryon dans les végétaux phanéro-games. Tout ce que je viens de dire n'est que le commentaire d'un rapport, que j'ai fait au nom d'une Commission en 1827; Rapport très-court dont voici la partie essentielle :

« M. Adolphe Brongniart, par ses délicates anatomies d'un grand
« nombre d'ovules, *a confirmé* les belles observations de M. Robert
« Brown, et a été conduit naturellement à adopter une théorie qui, à
« beaucoup d'égards, *diffère peu* de celle du célèbre botaniste anglais.
« Il paraît aujourd'hui hors de doute que la fécondation ne s'opère
« point par la partie vasculaire du style et le cordon ombilical, mais
« bien par le tissu cellulaire et le micropyle, fait important annoncé par
« Morland, que M. R. Brown et *après lui* M. Brongniart ont amené
« au plus haut degré de probabilité. Parmi les observations qui vien-
« nent à l'appui de cette théorie, il en est une très-curieuse, qui ap-
« partient *tout entière* à M. Brongniart. Ce boyau, qui sort du grain
« de pollen et dont la découverte est due à M. Amici, n'existe pas seu-
« lement dans le *Portulaca oleracea*, mais dans beaucoup d'autres
« espèces phanérogames, et peut-être dans la plupart. Il pénètre dans
« les interstices du tissu cellulaire de certains stigmates spongieux, et
« selon toute apparence, y laisse écouler la matière granuleuse qu'il
« contient. »

M. Ad. Brongniart compris très-bien le sens de mes paroles; il fit imprimer le Rapport à la fin de ses *Recherches sur la génération des plantes;* mais il eut soin d'y joindre une note dans laquelle il insiste sur ce que M. R. Brown a gardé le silence le plus absolu touchant la structure du stigmate et du style. La remarque est fondée; mais ce que M. Ad. Brongniart ignore, parce qu'il n'a pas lu le Mémoire sur les Cycadées et les Conifères, c'est que M. R. Brown a admis, sauf confirmation, l'hypothèse d'Hedwig et de M. Link, et lui a donné un plus haut degré de probabilité en faisant voir comment, dans un grand nombre de plantes, l'ovule applique sa bouche contre le tissu conducteur; observation importante que, par erreur, M. Ad. Brongniart croit avoir faite le premier.

Le Mémoire dont il s'agit renferme une multitude de belles observations. Si M. Ad. Brongniart en avait pris connaissance, il n'aurait pas avancé, dans la *Notice sur ses travaux*, que jusqu'à lui le genre *Gne-tum*, qui appartient à la famille des Conifères, était resté dans celle des Urticées.

M. Ad. Brongniart, pour réfuter les observations critiques qu'il croit que l'on a faites au sujet de ses *Recherches sur la génération de l'em-bryon*, a pris soin dans sa *Réponse*, de faire imprimer d'un côté les faits connus avant la publication de son travail, et de l'autre ce qu'il regarde comme étant sa propriété. Je suis fâché qu'il n'ait pas suivi la même méthode pour son *Mémoire sur la structure des feuilles et ses rapports avec la respiration des végétaux dans l'air et dans l'eau.* L'examen des faits y eût gagné en clarté et en précision ; mais le Mémoire de M. Ad. Brongniart n'étant pas publié, et le passage de sa *Réponse* (passage que je vais citer) ne présentant que des assertions générales qu'il est impossible de discuter en peu de mots, je serai dans la nécessité de reproduire textuellement le Rapport que j'ai lu à l'Académie le 15 février dernier au nom d'une Commission dont j'étais membre.

Dans sa *Réponse*, M. Ad. Brongniart s'exprime en ces termes, pages 7 et 8 : *Je connaissais parfaitement le travail de M. Amici, que j'ai traduit moi-même et inséré dans les* ANNALES DES SCIENCES NATURELLES (*tome* II, 1824). *J'ai cité dans mon Mémoire l'opinion de ce savant à l'occasion de la structure de l'épiderme et de la perforation des stomates, et j'ai dit franchement que mes observations sur ce sujet ne faisaient que confirmer celles de M. Amici, et celles encore plus anciennes de M. Tréviranus, opinion qui, loin d'être admise généralement, était combattue par plusieurs habiles botanistes. Mais M. Amici, qui faisait un travail général sur la structure des végétaux, n'avait pas pour objet de faire des recherches spéciales sur l'anatomie des feuilles et sur les rapports de leur structure avec leurs fonctions, et on ne peut pas, je pense, considérer quelques mots sur le parenchyme, dits en passant, comme ayant fait connaître suffisamment la structure de cette partie des feuilles si essentielle par son rôle physiologique. En outre, M. Amici, dont je suis loin de vouloir affaiblir les importantes observations, n'a nulle part fait remarquer la différence de structure que présentent les feuilles aqua-*

2.

tiques et les feuilles aériennes, et la liaison qu'il y a entre cette structure et les circonstances dans lesquelles elles se trouvent, résultat que je considère comme le plus important du Mémoire que j'ai présenté a l'Académie, mais qui ne pouvait être établi que sur des observations anatomiques plus nombreuses et plus précises que celles qu'on possédait.

On va voir dans mon Rapport 1°, que les physiologistes qui croient encore que les stomates sont clos, ne trouveront, dans le travail de M. Ad. Brongniart aucun motif pour changer d'avis, attendu qu'il n'a point ajouté de nouvelles preuves à celles qui résultent des belles observations de MM. Tréviranus et Amici; et 2°, que si M. Amici *n'a dit que quelques mots en passant, sur la structure du parenchyme des feuilles,* il faut convenir que ce peu de mots a une bien grande valeur, puisqu'il renferme, entre autres choses, la seule découverte importante que l'on ait faite dans cette route : savoir, que l'existence de lacunes dans le parenchyme sous l'épiderme et celle des stomates, sont deux faits concomitants et réciproquement subordonnés; de sorte que la présence ou l'absence des stomates entraîne la présence ou l'absence des lacunes.

RAPPORT.

« M. Ad. Brongniart a soumis au jugement de l'Académie un Mémoire
« intitulé : *Recherches sur la structure et les fonctions des feuilles.*
« Déja un grand nombre de savants s'étaient exercés sur le même sujet,
« et celui de tous qui avait poussé l'observation le plus loin, était le
« D' Amici. A l'exemple de M. Treviranus, et avec des instruments
« d'optique beaucoup plus puissants, il avait étudié la coupe transver-
« sale des feuilles, tandis que les autres anatomistes s'étaient bornés à
« arracher des lambeaux d'épiderme, et à les examiner à plat sur le
« porte-objet du microscope, procédé grossier, et qui pourtant n'avait
« pas été inutile. Même avant que M. Amici publiât ses observations, on
« avait remarqué un réseau de forme variée à la superficie interne de
« la pellicule. Ce réseau était considéré par quelques-uns comme un
« *plexus* vasculaire, tandis que d'autres n'y voyaient que les parois
« déchirées des cellules sous-jacentes. On avait remarqué aussi les sto-

« mates, petites aires elliptiques qui offraient dans leur grand diamètre,
« tantôt l'apparence d'une fente longitudinale, tantôt celle d'une ligne
« opaque. Y avait-il réellement une ouverture, ou n'était-ce qu'une il-
« lusion d'optique ; ou bien les lèvres de cette petite bouche étaient-elles
« quelquefois entr'ouvertes et quelquefois fermées ; ou bien encore la
« bouche existait-elle dans certains stomates, et manquait-elle dans
« d'autres ? Ces diverses manières de voir divisaient les botanistes ; mais
« tous admettaient que les stomates étaient communs sur les feuilles
« des plantes qui vivent dans l'air, qu'ils se développaient indifférem-
« ment sur les deux faces des feuilles dans les plantes herbacées ; que
« dans les arbres ils étaient beaucoup plus rares sur la face supérieure
« que sur la face inférieure ; que la face inférieure des feuilles qui na-
« gent sur l'eau en était privée, et qu'ils n'existaient ni sur l'une ni
« sur l'autre face des feuilles qui sont perpétuellement plongées dans
« l'eau, ou qui appartiennent à des espèces formées entièrement de tissu
« cellulaire.

« Quant à l'usage des stomates, chacun en parlait à sa guise.
« M. Schranck était d'avis qu'ils pompaient l'humidité de l'air ; M. Théo-
« dore de Saussure qu'ils absorbaient l'oxygène pendant la nuit ; M. Link
« qu'ils excrétaient des matières résineuses ou cireuses ; M. Decandolle
« qu'ils servaient à la transpiration aqueuse ; et l'un de nous, que
« c'étaient des suçoirs, au moyen desquels les gaz et les fluides étaient
« introduits dans le parenchyme. Les observations de M. Amici ont
« répandu un nouveau jour sur ce sujet. L'épiderme, suivant ce phy-
« sicien, n'est pas, comme l'a cru l'un de nous, composé des parois
« extérieures du tissu cellulaire ; c'est une couche de cellules transpa-
« rentes qui est distincte du parenchyme sous-jacent, avec lequel elle
« n'a aucune adhérence. La forme des cellules de cette enveloppe est
« variable, et elle diffère toujours de celle des cellules du parenchyme.
« Les stomates ont constamment une fente qui s'étend dans la direction
« de leur grand diamètre. Deux petites cellules, allongées en bourrelet
« et remplies de matière verte, garnissent intérieurement, l'une à droite,
« l'autre à gauche, les bords de cette fente, et, par un effet hygromé-
« trique, la forcent à s'ouvrir ou à se fermer, selon que l'atmosphère
« est sèche ou humide. Les stomates sont béants quand les rayons du

« soleil frappent la feuille, et ils sont clos pendant la nuit. Quelquefois ce
« petit appareil est logé dans une plus grande cellule. Toujours il cor-
« respond aux lacunes situées immédiatement sous l'épiderme; de sorte
« qu'on peut le considérer comme l'orifice de ces cavités qui ne contien-
« nent que de l'air, et quand les cavités manquent, il n'y a pas de sto-
« mates.

« Le parenchyme est composé de cellules cylindriques parallèles les
« unes aux autres, placées dans une direction perpendiculaire au plan
« de l'épiderme, laissant de distance en distance des vides entr'elles.
« ou bien il est composé de cellules unies bout à bout et formant une
« sorte de réseau dont les mailles sont des lacunes. Les cellules contien-
« nent de la matière verte. »

« M. Théodore de Saussure, ainsi que nous l'avons fait remarquer
« il n'y a qu'un moment, pensait que la destination des stomates était
« d'absorber l'oxygène pendant la nuit; M. Amici au contraire leur at-
« tribue la fonction de rejeter l'oxygène pendant le jour. »

« Les importantes observations de M. Amici n'avaient encore que lui
« seul pour juge, quand M. Ad. Brongniart s'est livré à l'étude de l'or-
« ganisation et des fonctions des feuilles. Ce jeune naturaliste a très-
« bien compris que la première chose à faire était de vérifier les faits
« que ses prédécesseurs avaient avancés; et l'on se convaincra facilement
« que, pour tout ce qui se rapporte à l'organisation de l'épiderme, des
« stomates et du parenchyme des feuilles aériennes, il a fortifié par de
« bonnes observations et des dessins exacts les assertions de M. Amici.
« On lui doit aussi la connaissance de quelques faits de détail qui n'a-
« vaient pas été aperçus par le savant physicien de Modène. Il montre,
« par exemple, que l'épiderme est formé dans certaines espèces non pas
« seulement d'une couche, mais de plusieurs couches de cellules. C'est
« ce qui a lieu dans le *Cactus phyllanthoïdes* et dans le Laurier-rose.
« Cette dernière plante présente un phénomène d'organisation fort cu-
« rieux. On ne trouve point de stomates sur ses feuilles; ils sont rem-
« placés par des cavités ouvertes à l'extérieur, garnies de poils, et dont le
« fond va gagner le parenchyme à travers un épiderme fort épais. »

« Si M. Brongniart est d'accord avec M. Amici sur l'organisation, il
« ne partage pas son opinion quant aux fonctions. Il croit que les

« stomates, suivant les circonstances, absorbent ou rejettent de l'air
« ou pompent de l'humidité. L'organisation des plantes immergées lui
« fournit des arguments en faveur de cette doctrine. L'un de nous avait
« écrit, il y a fort long-temps, que l'épiderme était une membrane
« transparente, formée par la réunion des parois les plus extérieures du
« tissu cellulaire. Les belles observations de M. Amici sembleraient
« prouver, au contraire, que l'épiderme serait un organe à part qui,
« pour nous servir de l'expression de ce savant, recouvrirait le paren-
« chyme comme un voile. Cependant M. Brongniart remarque que les
« feuilles aquatiques sont formées, depuis le centre jusqu'à l'une et à
« l'autre surface inclusivement, d'un tissu cellulaire continu, homogène
« et rempli de granules verts, de sorte qu'on est autorisé à dire qu'elles
« n'ont point d'épiderme à la manière des feuilles aériennes et que le
« principe général que l'un de nous avait admis n'est réellement qu'une
« exception. »

« Les feuilles aériennes, selon M. Ad. Brongniart, ont besoin d'une
« enveloppe qui garantisse leur parenchyme du desséchement, et tou-
« tefois il faut que l'air les pénètre pour que le phénomène de la respi-
« ration s'accomplisse. Leur épiderme peu perméable remplit le pre-
« mier objet; leurs stomates et les lacunes qui communiquent avec ces
« petites bouches, remplissent le second objet. Mais il est de toute évi-
« dence que les feuilles immergées ne sont pas exposées à perdre leur
« humidité, et que des stomates, communiquant avec des lacunes, n'y
« faciliteraient que faiblement l'introduction de l'eau, véhicule de l'air
« sans lequel il n'y aurait point de respiration. Une organisation spéciale
« était donc nécessaire. L'épiderme, les stomates, les lacunes sous-jacen-
« tes manquent; les poumons, si l'on peut ainsi dire, sont à nu; les
« feuilles pompent l'eau et expirent les gaz par toute leur surface. La
« comparaison des feuilles aquatiques avec les organes respiratoires
« des poissons et des feuilles aériennes avec les organes respiratoires
« des animaux qui vivent dans l'air, naissait naturellement de ces consi-
« dérations. M. Ad. Brongniart l'a exposée avec habileté. »

« Dans cette partie de son travail qui nous paraît la plus intéressante
« parce qu'elle présente un point de vue nouveau, il y a deux choses à
« considérer : D'abord, un fait; c'est l'absence dans les plantes aqua-

« tiques d'un épiderme différent du reste du tissu ; et ensuite une hypo-
« thèse, c'est la manière d'expliquer comment deux organisations diffé-
« rentes produisent, dans des positions diverses, des phénomènes sembla-
« bles. Le fait nous paraît hors de doute, et l'hypothèse s'accorde très-
« bien dans sa généralité avec les faits que nous révèle l'étude anatomi-
« que et physiologique des plantes. Mais nous devons faire observer que
« certaines espèces à feuilles aériennes, n'ont ni stomates, ni lacunes. »

Qu'il me soit encore permis en terminant, dit M. Ad. Brongniart,
*de faire remarquer qu'il est étonnant qu'on ait pu émettre l'opinion
que trois ou quatre cents plantes fossiles étaient plus faciles à dé-
crire et à déterminer que le même nombre de végétaux vivants.
Qui ne sait en effet qu'il serait plus difficile, même parmi les végétaux vivants, de déterminer une plante d'après des feuilles ou des
tiges isolées que d'après des rameaux couverts de feuilles, de fleurs
et de fruits, de même qu'il est plus difficile de reconnaître un animal d'après un ossement isolé que lorsqu'on a cet animal tout en-
tier ? Mais je ne donnerai qu'une seule preuve que cette détermina-
tion n'est pas une chose si facile ; c'est qu'avant l'époque où j'ai
commencé à m'occuper de ce sujet, toutes les tiges fossiles des ter-
rains houillers étaient considérées par les botanistes comme des tiges
de Palmiers et de Bambous ; j'ai établi par une comparaison plus
rigoureuse, que ces tiges appartenaient à des Fougères, à des Lyco-
podes et à des Prêles, c'est-à-dire à des familles totalement différentes ; or, cette opinion, depuis huit ans que je l'ai émise, a été
généralement adoptée, et a été confirmée par des observations sub-
séquentes.*

Assurément je fais cas de l'ouvrage dont il est question, et toutefois,
j'ai sur son mérite relatif une manière de voir très-différente de celle
de l'auteur. Les restes solides des animaux que recèlent les couches
superficielles du globe, offrent au zoologiste habile les caractères né-
cessaires pour classer avec sûreté les espèces auxquelles ils ont appar-
tenus ; mais ce qui subsiste des végétaux des anciens temps, se compose
toujours des parties les moins propres à donner l'idée du genre et même
souvent de la famille, à moins que ces débris n'appartiennent aux

groupes des Fougères ou des Hydrophytes, qui se font reconnaître au premier aspect. Tous les organes dont la structure pouvait nous éclairer ont disparu ; et le botaniste, qui n'aurait garde de classer les espèces exotiques d'après les caractères que lui présenteraient des tronçons de tiges et des feuilles desséchées, est bien forcé de se contenter de ces caractères grossiers, pour classer les végétaux fossiles. C'est dans ce sens que l'on peut dire qu'*un travail profond* sur les plantes vivantes est *incomparablement plus difficile*. Tout naturaliste qui aura pris la peine d'y penser n'en fera aucun doute. Mais cela n'empêche pas qu'un bon travail sur les végétaux fossiles ne soit utile et ne mérite des éloges.

Je garde le silence sur les autres travaux de M. Ad. Brongniart, non qu'ils ne soient fort recommandables, mais parce qu'ils ont moins d'importance que ceux dont j'ai parlé.

Maintenant, Monsieur, supposons par hypothèse que, dans le comité secret de l'Académie, quelqu'un eût manifesté la pensée que M. Ad. Brongniart n'occupait pas, dans l'ordre de présentation adopté unanimement par la Section de Botanique, le rang que lui assignait son mérite, croyez-vous que le Rapporteur eût été excusable de se taire ? Mettez-vous à sa place : il était le défenseur obligé du jugement de la Section et des droits des Candidats ; il devait justifier par tous les moyens légitimes l'ordre de la présentation ; il se serait donc vu dans la nécessité de comparer entr'eux les divers concurrents et de mettre en lumière le côté fort ou faible de leurs travaux. Quelque difficile et délicate qu'eût été cette tâche, il y aurait eu plus que de la faiblesse à ne la pas remplir. Quant à moi, Monsieur, si les circonstances m'avaient placé en présence de l'Académie dans cette position pénible, je n'aurais rien imaginé de mieux pour en sortir honorablement que de dire avec toute la fermeté que donne une profonde conviction, ce que contient ma réponse à votre lettre.

Dans cette réponse, je me suis appliqué à conserver intacte la propriété des inventeurs ; M. Ad. Brongniart m'en avait donné l'exemple. Si je leur ai garanti une part un peu plus grande que celle qu'il leur assignait, qu'il ne se plaigne pas, la sienne reste encore assez belle. L'anatomie du stigmate ; le mode de développement du pollen dans les poches de l'anthère et sa manière d'agir sur le stigmate ; le mouvement des granules spermatiques, phénomène peut-être moins important pour la physiologie qu'on ne le pensait d'abord, mais qui a ouvert la voie à une découverte plus générale; une observation curieuse sur l'ovule du *Ceratophyllum*; la démonstration que dans les feuilles des plantes submergées l'épiderme se compose des parois les plus extérieures du tissu cellulaire, et que par conséquent cette enveloppe diffère essentiellement de l'épiderme des feuilles exposées à l'air ; une hypothèse ingénieuse sur l'accord de l'organisation avec le mode de respiration des plantes aériennes et aquatiques; une suite de descriptions et de dessins anatomiques qui viennent à l'appui des découvertes de Grew, Malpighi, Hedwig, Turpin, St-Hilaire, Trevianus, R. Brown, etc.; un ouvrage bien fait sur les plantes fossiles, et quelques autres travaux intéressants sont des titres que la Section a su apprécier, et que personne ne conteste.

Si après cette explication que j'aurais voulu pouvoir me dispenser de donner, quelques personnes trouvaient mon jugement *trop sévère* (pour ne rien dire de plus), j'en serais sans doute très-affligé ; mais je prendrais courage en songeant que j'ai pour moi le droit et ma conscience. Du reste, quoi qu'il advienne, Monsieur et cher confrère, j'applaudirai toujours avec empressement aux heureux efforts de M. Ad. Brongniart : soyez en bien convaincu, et veuillez permettre que je vous renouvelle ici l'assurance de ma profonde estime et de mon sincère attachement.

MIRBEL.

Paris, 15 mars 1830.

IMPRIMERIE DE A. FIRMIN DIDOT,
IMPRIMEUR DU ROI, RUE JACOB, N° 24.

www.ingramcontent.com/pod-product-compliance
Lightning Source LLC
LaVergne TN
LVHW020146070726
842527LV00017B/2322